ISO 14001

イラストとワークブック
で要点を理解

寺田　和正
深田　博史　著
寺田　　博

日本規格協会

著作権について

本書は，著作権により保護されています．本書の一部または全部について，著者および当会の許可なく引用・転載・複製等をすることを禁じます．

はじめに

　ISO 14001 の初版が発行されてから，ちょうど 20 年になろうとしています．規格が発行された当初は，オフィスや工場のウィンドウや，街ゆくトラックのあちこちにも，ISO 14001 の文字が見られた時期がありました．最近は，少し鳴りを潜めたようにも思えます．

　当時を振り返ると，組織の認証登録志向とでもいうべき風潮があったようにも思います．認証を取得するだけで，メリットが生み出されるのでは，という淡い幻想です．もちろんそのようなはずはなく，今では多くの組織が認証そのものではなく，実質を求めるようになってきたのではないでしょうか．

　本書でも，随所にその趣旨が顔を出しますが，2015 年版の環境マネジメントシステム規格は，まさに成果である環境パフォーマンスの向上を目指す形にその表現を変えています．これは現在の，多くの組織の要望にピタリと一致していると思いませんか？

　本書では，認証の基準として少々堅苦しく表現された要求事項を，できるだけやさしい表現にしました．そしてふんだんにイラストをあしらい，楽しく理解していただけるようにしています．

　初めて環境マネジメントにチャレンジする組織も，既に何年も取り組んでいる組織も，そして，あまりに作法が多くてうんざりしてしまっている組織も，これを機会にもう一度，マネジメントシステムを見直してみましょう．新しいマネジメントシステムを活用して，リスクを回避するばかりではなく，機会を見極め，積極的に改善または向上に取り組むことのできるしくみづくりに挑戦してみましょう．

　　　　　　　著者代表　IMS コンサルティング株式会社　寺田　和正

目　　次

はじめに　3
本書の使い方　8

第1章　ISO 14001 とは？

1.1　ISO 14001 とは？　11
1.2　環境マネジメントの必要性　13
1.3　持続可能な開発　14
1.4　環境マネジメントシステムの実施　15
1.5　組織の事業活動と環境とのかかわり　16
1.6　環境マネジメントとは？　18
1.7　環境側面と環境影響　20
　コラム　環境マネジメントシステム規格の誕生　22
1.8　順守義務　23
　コラム　順守義務　24
1.9　リスクマネジメントの基本と機会への取組み　25
　コラム　リスクの捉え方とその対応　28
1.10　プロセスアプローチおよび事業プロセスへの統合　29

第2章　見るみる E モデル
　　　　　［ISO 14001 環境マネジメントシステムモデル］

見るみる E モデル　35

第 3 章　ISO 14001 の重要ポイントとワークブック

- 4　組織の状況
  - 4.1　組織及びその状況の理解 …………………………………… 42
  - 4.2　利害関係者のニーズ及び期待の理解 ………………………… 44
  - 　事例　SWOT（スウォット）分析の事例 ………………………… 46
  - 4.3　環境マネジメントシステム（EMS）の適用範囲の決定 …… 49
  - 4.4　環境マネジメントシステム（EMS）………………………… 50

- 5　リーダーシップ
  - 5.1　リーダーシップ及びコミットメント ………………………… 52
  - 　コラム　リーダーシップについて ………………………………… 53
  - 5.2　環境方針 ………………………………………………………… 54
  - 5.3　組織の役割，責任及び権限 …………………………………… 56

- 6　計　画
  - 6.1　リスク及び機会への取組み …………………………………… 58
    - 6.1.1　一　般 …………………………………………………… 58
    - 6.1.2　環境側面 ………………………………………………… 62
    - 6.1.3　順守義務 ………………………………………………… 66
    - 6.1.4　取組みの計画策定 ……………………………………… 68
  - 6.2　環境目標及びそれを達成するための計画策定 ……………… 69
    - 6.2.1　環境目標 ………………………………………………… 69
    - 6.2.2　環境目標を達成するための取組みの計画策定 ……… 70
  - 　コラム　本業と ISO のマネジメントシステム ………………… 72

7 支　援
- 7.1 資　源 ……………………………………………………………………… 74
- 7.2 力　量 ……………………………………………………………………… 75
- 7.3 認　識 ……………………………………………………………………… 77
- 7.4 コミュニケーション …………………………………………………… 79
  - 7.4.1 一　般 ……………………………………………………………… 79
  - 7.4.2 内部コミュニケーション ………………………………………… 79
  - 7.4.3 外部コミュニケーション ………………………………………… 79
- 7.5 文書化した情報 ………………………………………………………… 81
  - 7.5.1 一　般 ……………………………………………………………… 81
  - 7.5.2 作成及び更新 ……………………………………………………… 81
  - 7.5.3 文書化した情報の管理 …………………………………………… 81

8 運用
- 8.1 運用の計画及び管理 …………………………………………………… 84
- 8.2 緊急事態への準備及び対応 …………………………………………… 88

9 パフォーマンス評価
- 9.1 監視，測定，分析及び評価 …………………………………………… 91
  - 9.1.1 一　般 ……………………………………………………………… 91
  - 9.1.2 順守評価 …………………………………………………………… 93
- 9.2 内部監査 ………………………………………………………………… 95
  - 9.2.1 一　般 ……………………………………………………………… 95
  - 9.2.2 内部監査プログラム ……………………………………………… 95
- 9.3 マネジメントレビュー ………………………………………………… 97

10 改　善
10.1 一　般 …………………………………………………………… 99
10.2 不適合及び是正処置 …………………………………………… 99
10.3 継続的改善 ……………………………………………………… 101

第4章　見るみるE　資料編
4.1 マネジメントシステムとパフォーマンス ………………………… 105
4.2 環境側面と環境影響の事例 ……………………………………… 106
4.3 内部監査を行う際の重要ポイント ……………………………… 107
4.4 自社・組織の環境マネジメント年間活動スケジュール ……… 112
コラム　環境マネジメントシステム規格の活用 ………………… 114

あとがき　　116
参考文献　　117

本書の使い方

　本書は，各組織の現場の担当者が自主勉強や社内勉強会などで ISO 14001（JIS Q 14001）の規格の概要を理解し，自社・組織の環境マネジメントシステム（EMS：Environmental Management Systems）を推進する際の重要な点の理解を深めることを主な目的としています．

　本書は，次のような場面で活用することができます．

① **担当者による ISO 14001 の重要な点および自らの取組みの確認**

　イラストを中心に本書を見ていくと，ISO 14001 の重要な点を把握することができます．そして自分自身の業務をイメージしながら，本書を用いてワークシートに記入していけば，EMS で注目すべき事項の理解をさらに深めることができ，自信をもって環境マネジメントおよび業務に取り組むことが可能になります．

② **推進事務局などによる組織の EMS 全体のレビュー**

　組織全体の EMS をイメージしながら，本書に従ってワークシートを記入していくと，組織の EMS が，ISO 14001 の重要な点を考慮して適切に規定できているかを確認することができます．

③ **経営者・管理者による俯瞰的な視点での経営関連事項の確認**

　本書で ISO 14001 の重要な点を把握した上で，経営層，管理者（管理責任者）に該当する箇所を重点的に読み進めると，EMS の全体像を俯瞰的に把握でき，経営層にかかわる EMS の方向性，計画，パフォーマンス（実績）などのレビューすべき観点が明確になります．

　　注記：本書の ISO 14001 の解説は，担当者向けに重要事項を抜粋した内容としています（全てを網羅しているわけではありません）．また ISO 14001 の理解および活用を促進するために，規格の表記を担当者向けの平易な言葉に一部アレンジし，例や著者独自の説明を補記しています．

第1章

ISO 14001 とは？

1.1 ISO 14001 とは？
1.2 環境マネジメントシステムの必要性
1.3 持続可能な開発
1.4 環境マネジメントシステムの実施
1.5 組織の事業活動と環境とのかかわり
1.6 環境マネジメントとは？
1.7 環境側面と環境影響
1.8 順守義務
1.9 リスクマネジメントの基本と機会への取組み
1.10 プロセスアプローチおよび事業プロセスへの統合

Environmental Management Systems：環境マネジメントシステム
- 環境を考慮に入れた，持続可能な事業活動を目指すためのしくみ
- 本書では，"EMS" と略記することがあります．

1.1　ISO 14001 とは？

① ISO とは？

★ 国際標準化機構（International Organization for Standardization）．貿易を円滑に行うことを目的に，国際的な標準化を推進する民間組織．

★ 設立：1947 年，本部：スイスのジュネーブ

② ISO 14001　環境マネジメントシステム（EMS）とは？

★ 順守義務を満たし，環境パフォーマンスを向上させるために，環境マネジメントの取組みを継続的に改善するしくみです．PDCA（Plan → Do → Check → Act）サイクルに基づく，わかりやすい構成になっています．

★ EMS の最終的な目的は，環境パフォーマンスを改善すること，環境の変化に対応しつつ事業を継続することにありますが，マネジメントの対象は，組織の活動，製品・サービスです．EMS の取組みは，組織の活動，製品・サービスを改善するための取組みにほかなりません．

★ 環境マネジメントを推進するために，ISO では，EMS のガイドライン規格のほか，環境ラベル，ライフサイクルアセスメント，環境パフォーマンス評価，温室効果ガス（GHG：Green House Gas）の定量・評価などの様々な規格を発行しています．EMS の運用において，必要に応じて，これらを利用することができます．

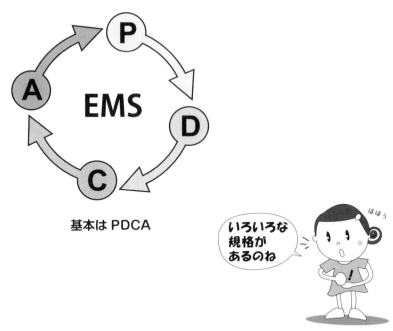

基本は PDCA

環境マネジメント関連規格

ISO 規格	分 野	概 要
ISO 14001	環境マネジメントシステム	EMS の要求事項
ISO 14004	環境マネジメントシステム	EMS のガイドライン
ISO 14020シリーズ	環境ラベル	環境性能等を外部にアピールするためのラベルに関する規格
ISO 14030シリーズ	環境パフォーマンス評価	環境マネジメントの成果を客観的に評価するための手法
ISO 14040シリーズ	ライフサイクルアセスメント	製品のライフサイクルにおける環境影響を評価する体系的な手法
ISO 14060シリーズ	温室効果ガス（GHG）	GHG の排出量・吸収量の定量化及び検証の方法

1.2 環境マネジメントの必要性

① 持続可能な開発を実現するために

私たちの組織は，社会の一員として環境に配慮しつつ，経済活動を行っています．将来にわたって，発展を持続させるためには，"環境"，"社会"，"経済"がバランスをとることが重要です．これらは持続可能な開発のための3本の柱と呼ばれています．環境マネジメントは，3本の柱のうち，特に環境の柱に貢献することを目的としています．

② 組織の活動と環境のかかわり

私たちの行う事業活動は，環境と密接に関連しており，環境に依存して成り立っていることを理解する必要があります．製品の生産やサービスの提供に使われるエネルギーや資源には限りがあり，化学物質の使用や廃棄物の排出もしています．これらは目に見えないところで環境に影響を及ぼしていますし，また逆に，私たちの組織は，私たちを取り巻く環境状態からの影響も受けています．

環境の柱を維持するために，これらの影響に関する，適切なマネジメントが必要になるのです．

③ 自主的なマネジメントへ

環境問題への対応のためには，規制を強化するという選択肢もあります．しかし，組織が自主的に環境マネジメントを実施するということは，社会全体としてみれば効率の良い方法といえます．

1.3 持続可能な開発

"持続可能な開発"（Sustainable development：サステイナブル・ディベロップメント）という言葉は，当時ノルウェーの首相を務めていたブルントラント氏が国連の委員会報告書で用いた造語です．

その意味は，"将来の世代のニーズを満たす能力を損なうことなく，今日の世代のニーズを満たすような開発"です．貧困をなくし，全ての人に豊かな生活をもたらすことが理想ですが，地球の環境包容力には限りがありますから，持続可能であることが重要です．

ISO 14001 は，持続可能な開発のための3本柱のうち"環境"の柱の確立に貢献するためのものです．しかしながら，組織は社会を構成する一員として，経済活動を行っているわけですから，環境の柱に貢献するだけではなく，社会および経済の柱にも貢献しなくてはなりません．つまり，ビジネスの推進を通して地球環境にも貢献しなければならないのです．

1.4 環境マネジメントシステムの実施

① ISO 14001 の活用

ISO 14001 の EMS は，PDCA サイクルに基づいて，わかりやすく構成されています．しかしながら，"環境への貢献"というその性格から，目的を見失いやすいという傾向があるようです．EMS の運用によって何を達成しようとしているのか，目的を明確にし，常に意識して運用する必要があります．

② 取組みの内容

ISO 14001 では，体系化されたアプローチによって，次の事項に取り組むことを求めています．

- ＊有害な環境影響を防止・緩和し，環境を保護する．
- ＊組織を取り巻く環境の状態から引き起こされる，組織にとっての有害な影響を緩和する．
- ＊法的要求事項・その他の要求事項などの順守を確実にする．
- ＊環境パフォーマンスを向上させる．
- ＊ライフサイクルを考慮した製品・サービスの開発・提供を実現する．
- ＊市場における組織の競争力を強化し，かつ，環境にも貢献し，財務上・運用上のメリットを実現する．

③ 成功のために

マネジメントシステムができあがっただけでは，成果はあがりません．目的に向かって絶え間なく運用し，改善する必要があります．

1.5　組織の事業活動と環境とのかかわり

環境とのかかわり

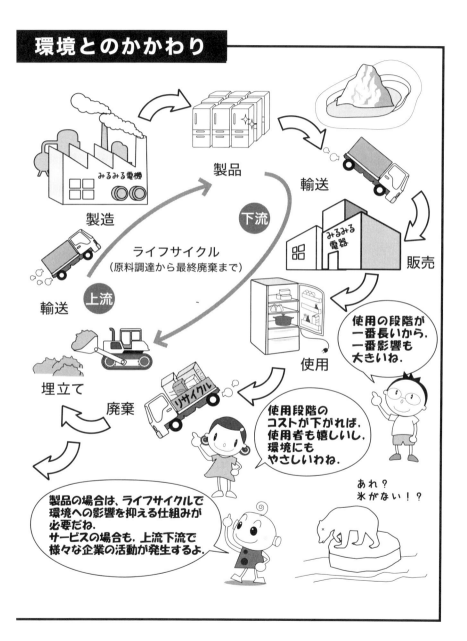

1.6 環境マネジメントとは？

① 環境マネジメント

　環境マネジメントといっても，私たちを取り巻く環境そのものを管理するわけではありません．私たちの組織は，環境から様々な恩恵を受けたり，逆に環境に悪影響を与えたり，ときには異常気象による災害にあったりします．環境マネジメントとはこのような組織と環境のかかわりを管理することです．

② マネジメントの進め方

　組織と環境のかかわりに関する様々な課題を見極め，方針に従って目的を定めて，その達成に向かって組織を運用することが大事です．

③ マネジメントの対象

　ISO 14001 が管理の対象とするのは，組織の環境側面，法的な順守義務およびその他の課題などです．その他の課題としてはいろいろ考えられますが，例えば組織の利益を考えてみましょう．ビールは暑い日に売れます．暖房器具は寒い冬によく売れます．このように組織のビジネスもまた環境状態に左右されるのです．

④ リスクと機会の考え方

　EMS では，前述した環境側面，順守義務，その他の課題に関連するリスクと機会を見極めて，これに取り組むことを推奨しています．何がリスクとなり，何が機会となるかを知るには，次の3点に注目する必要があります．

　　＊環境側面
　　＊順守義務
　　＊その他，組織の状況に基づく課題

1.7 環境側面と環境影響

① 環境側面

組織の事業活動において，既に生じてしまった環境影響を管理することは，ほぼ不可能といってよいでしょう．例えば，汚染された大気や汚された水質を管理するとなると，広範囲にわたる浄化活動が必要となり，これは組織の事業活動の範囲を超えてしまうでしょう．

組織は，事業活動を通して製品やサービスを生み出しています．そしてこれらの製品・サービスおよびそれらを生み出す事業活動が，環境に影響を与えていることがわかります．ISO 14001 では，このように環境影響の原因となる活動，製品・サービスの要素を環境側面と称しています．このような環境側面ならば，組織が管理できますね．

② 環境影響

組織は環境に様々な影響を与えていますが，結局は，上述の環境側面がその原因となっていることがわかりました．このように環境側面と環境影響の関係は，原因と結果の関係になります．また，組織が環境に影響を与えるのとは逆に，環境の状態によっても，組織あるいは組織の活動が影響を受けることがあります．EMS では，そのどちらをも管理することが重要になります．

③ 著しい環境側面

組織にとって大事なことは，これらの環境側面のうち，環境に大きな影響を与えるものと組織が環境から大きな影響を受けるものを見極めることです．ISO 14001 では，これを"著しい環境側面"といって優先的な管理の対象としています．

■コラム

環境マネジメントシステム規格の誕生

　第2次世界大戦後，世界経済が目覚ましい発展を遂げた陰で，1950年代に入ると環境汚染の問題が，次第に重視されるようになりました．国連環境特別委員会が，1987年に公表した"Our Common Future"（われら共通の未来：通称ブルントラント報告書）の中で"持続可能な開発"という言葉が使われたことはあまりにも有名です．一方産業界では，地球サミットに先駆けて，国連環境計画（UNEP）の事務局長モーリス・ストロングの要請を受けたスイスの実業家ステファン・シュミットハイニーがWBCSD（持続可能な開発のための経済人会議）を設立しました．WBCSDは，1991年7月，地球環境問題への産業界の貢献を示すため，ISOおよびIECに環境マネジメントの国際標準化を諮問することになり，これを受けて誕生したISO/TC 207（技術専門委員会）によって，ISO 14000シリーズの規格作成が始まりました．

　一足早くISO 9001ができあがっていたのですが，これに対する我が国の反応は遅く，ようやく注目され始めたばかりでした．1993年の第1回TC会合が開催された頃には，日本の産業界は企業への"環境監査"が始まるということで，経団連をはじめ，戦々恐々の大騒ぎでした．もともと環境問題には法的規制がかけられていましたから，いまさらという感覚だったのでしょう．規格の採用は法令順守と違って自主的なものですが，環境問題などは法的規制で対処するよりも組織が自主的に実施したほうが社会全体としては効率的だと考えられて，この規格作成が始まったわけですから，その主旨を理解すれば，強制的な監査などを恐れる必要は何もなかったのです．1996年にISO 14001が発行されると，我が国の企業の間では一斉に認証取得をめざすようになり，瞬く間に，当時世界一の登録件数が実現されました．

　注：現在はISO 9001，ISO 14001ともに中国の登録件数が世界一です．

1.8 順守義務

① 順守義務とは

順守義務とは，組織が守らなければならない義務のことをいいます．大きく分けて，法律や規制に定められており，組織が嫌でも守らなければならない義務と，組織がマネジメントシステムの中で，自主的に守ることを決めた義務があります．

② 法的要求事項

* 国内の法令
* 地方自治体の定める条例
* 国際条約など

③ 組織が同意するその他の要求事項

次のようなもので，組織が順守すると決定した，または順守することに合意したものが対象となります．

* 業界・団体が定めるガイドライン
* 顧客や取引先との取決め
* 近隣の住民などとの取決め

これらのうち，組織が順守すると決定した，または順守することに合意したものが対象となります．

④ 順守義務の重要性

EMSでは，このような順守義務を満たすことは，著しい環境側面の管理と並び，重要な課題となっています．

■コラム

順 守 義 務

　2015年版のISO 14001では，順守義務（コンプライアンス・オブリゲーション）の決定が求められています．内容は変わりませんが，旧版である2004年版では，"法的及びその他の要求事項"とされていました（なお，国際規格ではどちらの表現を使用してもよいことになっています）．この用語の使用に関しては，2015年版作成の段階で，のちに"順守マネジメントシステム"の規格を完成させた技術専門委員会も交えて，激しい議論が交わされました．

　その原因は"順守"の対象にありました．法的要求事項は義務だから順守するのは当然であるが，その他の要求事項は組織が自主的に決めたものであるから，順守の表現は適切でない．あえていえば"適合"であるというものでした．2004年版作成の段階でもこの点は同じで，アメリカは，この用語は強制力をもつ法律にだけ使われるもので，もしもこの用語を使えば，たとえ自主的に決めたことであっても，規制当局の関与を受けるとして，猛烈に反対しました．これに対して，日本，欧州各国は，自主的なマネジメントシステムの中で決めることであり，決めたことは当然順守すべきであると強く主張しました．2004年版では折衷案として，順守義務を満たしていることを評価するために，2種類の手順があってもよいことに落ち着いたのです．

　考えてみれば，組織が自主的に設定した要求事項も，マネジメントシステムにおいては，やはり組織の義務として順守の対象になるべきものです．順守評価にも，ことさらに手順を区別する必要はないはずです．順守義務の対象となるならば，自主的な項目はあげないようにしよう，などとは考えないでください．マネジメントシステムは，自主的な取決めと，それに対する責任ある取組みの上に成り立っているのです．

1.9 リスクマネジメントの基本と機会への取組み

① リスクに基づく管理

ISOが定めた新しいルールによって，全てのマネジメントシステムに，リスクに基づく管理が取り入れられました．EMSでは管理の対象である，著しい環境側面，順守義務およびその他の課題などからリスク・機会を見出して，その重要度に見合ったかたちで管理します．

リスクマネジメントに体系的に取り組むためには，ISO 31000（JIS Q 31000）"リスクマネジメント—原則及び指針"を利用することもできます．ISO 14001ではISO 31000に規定される正式なリスクアセスメントまでは求めていませんが，参考のためにそのプロセスを見てみましょう．

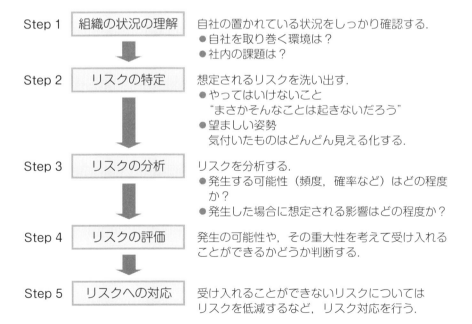

② リスクの分析・評価

特定されたリスクは,現実に発生する可能性と,発生した際の影響の大きさで評価されるのが一般的です.

リスクの度合い ＝発生の可能性 × 影響の大きさ

この関係は,次の図のように表すことができます.

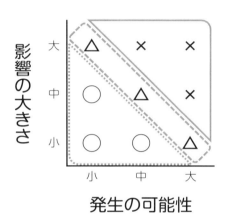

"○"で示された範囲のリスクは,発生の可能性も影響もそれほど大きくないので,場合によっては,許容できるリスクとみなされます.

"×"で示す範囲は,発生の頻度も高く,発生した場合の影響が大きいため,対応が必要と考えられます.

"△"の範囲にあるものは,組織の状況によって対応が異なるので,組織ごとに判断基準の設定が必要かもしれません.

③ リスク対応

特定され,評価されたリスクにどのように対応するかには,次のような選択肢があります.

★リスクを回避する：リスクが予想されることは避ける.

★リスクを低減する：“標準化”，“見える化”の推進，知識・知恵の共有と活用，チェックの充実，力量の向上などにより，リスクを低減する．

★リスクを移転する：リスクを別のものに移転する．（例：保険をかける）

★リスクを受容する：リスクの発生を受け入れる．

④　機会のマネジメント

　環境マネジメントでは，特定された機会に対しては，優先順位をつけて，順次積極的に取り組むことが望まれます．その意味からも機会への取組みの判断基準は，リスクほど，綿密に作りあげる必要はないでしょう．

　機会への取組みにかかるコストなどと，機会の現実化によるメリットを考慮した上で，積極的に機会に取り組むことができるしくみにするのが良いでしょう．

■コラム

リスクの捉え方とその対応

　2015年版では、"リスク"とともに"機会"を決定することが要求されています。また、リスクは"不確実性の影響"と定義されています。
　9.11（2001年、米国同時多発テロ事件）も3.11（2011年、東日本大震災）も、その発生を誰も予測ができませんでした。コイントスで表が出るか裏が出るかも不確実ですが、表が出る確率も、裏が出る確率も2分の1です。私たちの平均余命も統計的には計算できますが、いつ死ぬのかは全く不確実です。このように不確実性にもいろいろありそうですね。
　現代は、不確実性に満ちた時代であるとよくいわれますが、上に述べたように確率的、統計的に把握されているリスクには対処ができそうです。でも、本当に予測のできない不確実性には、どう対処できるのでしょうか。また、リスク対応に関する評価はさらに難しいものです。2015年のパリ同時多発テロ事件の前に、誰かがそれを予測して、テロリストの行動監視や、市内の警備体制の徹底に莫大な費用を投じていたら、この事件は未然に防げたかもしれません。でも、その対策を主導した人物が、称賛されることはなかったでしょう。リスク対応の評価は、結果の評価とともにきわめて難しいものです。
　リスクの評価にはよく、"発生頻度"とその"影響の大きさ"の積を重視するようにいわれますが、発生時期の特定はきわめて困難です。しかし、影響の大きさには予測がつきます。特定されたリスクに対して、どう備えるかは、影響の大きさで対応の優先順位をつけることをおすすめします。EMSにおけるリスクは、従来、組織が環境に与える影響を中心に考えられてきましたが、これからは、環境の変化が組織に与える影響も重視されるようになってきているのです。

予期せぬことが最も危ない！

1.10 プロセスアプローチおよび事業プロセスへの統合

マネジメントシステムを理解し，効果的に運用，改善していくためには，プロセスまたはプロセスアプローチに関する理解が欠かせません．

① プロセス

プロセスは，ISO 14001 では次のように定義されています．

> インプットをアウトプットに変換する，相互に関連する又は相互に作用する一連の活動．

この定義によれば，組織の置かれている状況を分析し，組織の事業活動や，製品なども考慮して環境目標を設定する一連の活動もプロセスであることがわかります．

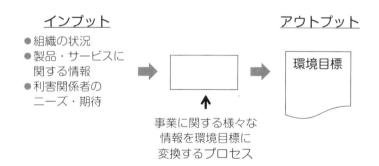

同様に，市場の状況や，顧客の要求を受けて製品を市場に送り出す一連の事業活動もプロセスです．そしてその一連のプロセスは，設計や，購買，製造，出荷などの，もう少し詳細なプロセスから構成されています．

どの程度の粗さでプロセスを捉えるかは，その目的によって異なります．理解し，管理しやすい大きさでプロセスを捉えるとよいでしょう．

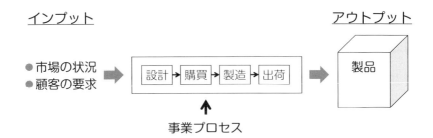

② プロセスアプローチ

一連のプロセスを理解して，それらのプロセス間の関連や，相互の依存関係を管理することをプロセスアプローチと呼びます．このような管理手法を用いれば，効果的，効率的に成果をあげ，パフォーマンスを向上させることができます．

③ 事業プロセスとの統合化

一つの例として，環境マネジメントのためには，事業プロセスにおける環境側面を特定する必要があります．体系的に環境側面の特定を実施するためには，環境側面の決定プロセスを整理することが重要です．

その具体的な進め方の一つには，推進事務局などの指示に従って，4月に，全ての事業プロセスで，一斉に環境側面の決定を行うという方法もあります．また，それぞれの業務プロセスに環境側面の決定という機能を組み込んでしまう方法もあります．

後者は，EMSの要求事項を，事業プロセスに統合した例といえます．一般的には前者に比べ，後者のほうが運用の負荷も少なく，取組みの有効性も高いと考えられます．

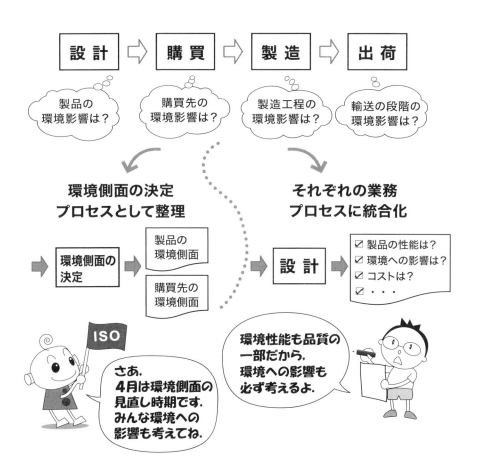

第2章

見るみる E モデル

ISO 14001
環境マネジメントシステムモデル

見るみる E モデル

★ 本書では,ISO 14001 の目次の項目を,PDCA サイクルの視点から見直し,"見るみる E モデル"という図に再定義しました.
★ 特に第 3 章をご覧いただくとき,また内部監査の準備や実施の際に,ISO 14001 の全体像を俯瞰的に見るために活用いただければと思います.

第2章 見るみるEモデル

見るみるEモデル　ISO 14001

リーダーシップ	分析項目	章	項目
5 リーダーシップ	組織の分析	4 組織の状況	4.1 組織及びその状況の理解
			4.3 環境マネジメントシステムの
	Policy（方向性）	環境方針	5.2 環境方針
		組織	5.3 組織の役割，責任及び権限
5.1 リーダーシップ及びコミットメント	Plan（計画）	6 計画	6.1 リスク及び機会への取組み
			6.1.2 環境側面
			6.1.4 取組みの計画策定
			6.2.1 環境目標　6.2.2 環境目標
	Do（実施）	7 支援（サポート）	7.1 資源
			人　7.2 力量
		8 運用	Plan　8.1 運用の計画及び管理
			運用基準の設定，基準に基づく管理
			Do　　変更の
	Check（チェック）	9 パフォーマンス評価	9.1 監視，測定，分析及び評価
			9.2 内部監査
			9.3 マネジメントレビュー
	Act（改善）	10 改善	一般　　　　10.1 一般
			不適合・是正処置　10.2 不適合

(C) Kazumasa Terada, Hiroshi Fukada

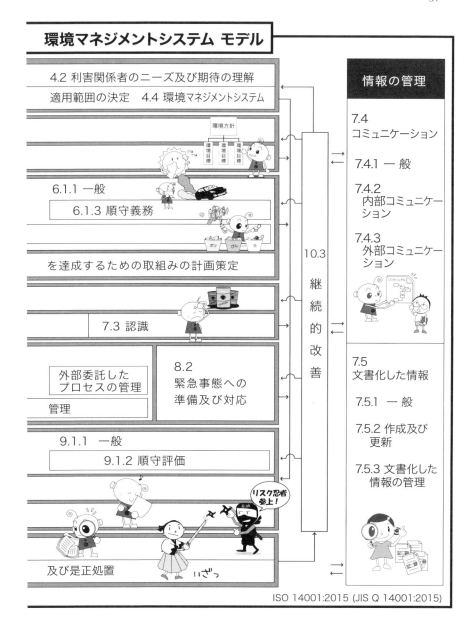

第3章 ISO 14001の重要ポイントとワークブック

4　組織の状況
5　リーダーシップ
6　計　画
7　支　援
8　運　用
9　パフォーマンス評価
10　改　善

本書の編集上，第3章の見出しはISO 14001の箇条番号に合わせています．

組織の状況
（Context of the organization）

- 4.1 組織及びその状況の理解
- 4.2 利害関係者のニーズ及び期待の理解
  - 事例　SWOT（スウォット）分析の事例
- 4.3 環境マネジメントシステムの適用範囲の決定
- 4.4 環境マネジメントシステム

組織とは
　この"組織"には，EMS の適用組織（ISO 14001 適用組織）が該当します．

4.1　組織及びその状況の理解

① 組織の目的に関連し，EMS の意図した成果を達成する能力に影響を与える外部課題と内部課題を決定します．

② その課題には，組織が環境状態に与える影響と，環境の状態が組織に与える影響を含めます．

③ また，マネジメントレビューには，これらの課題の変化を報告する必要があるため，これらの課題を定期的に見直すことが必要です．

[補足説明]

① 組織の目的

企業の事業目的，事業推進のねらい．経営方針や中期経営計画などに表明されていることが多いようです．

② EMS の意図した成果

EMS に取り組むことの目的

③ 外部課題

企業を取り巻く，外部環境の課題（好ましい事項，好ましくない事項）

> 例：政治，社会，経済，市場，競争，技術，情報，法律，自然環境などに関連して，組織に利害関係を及ぼしそうなもの，SDGs（国連の持続可能な開発目標）などへの社会全体の取組み状況

④ 内部課題

自社内の課題（好ましい事項，好ましくない事項）

> 例：組織構造，規模・能力，方針・目的，文化・価値観，技術・知識などのうち，組織に利害関係を及ぼすもの

● ワークブック

[1] 自社・組織の事業目的（ねらい）は？

例：石油化学製品の供給を通して顧客の事業を支える．

[2] EMS が意図する成果は？

例：強化される規制に対応しながら顧客に求められる製品を供給する．

[3] 自社・組織の課題は？

外部要因 （環境への影響， 環境から受ける 影響を含む）	例：化学物質の規制強化
内部要因 （環境への影響， 環境から受ける 影響を含む）	例：代替品研究の進展

[4] 課題を見直す時期は？

例：マネジメントレビューの実施前（毎年3月）

4.2 利害関係者のニーズ及び期待の理解

① EMSに関連する利害関係者を決定します．
② その利害関係者のニーズや期待を決定します．
③ そのニーズや期待のうち，順守義務となるものを決定します．

[補足説明]

① この段階で決定する順守義務は，詳細なものではなく，一般的なニーズあるいは期待と捉えてください．詳細な順守義務事項は，計画段階において"順守義務"として検討します．
　例えば，説明責任を果たす，コミュニティとの合意を守る，業界基準に従う，地域社会に貢献するなどです．
② ここでいうニーズや期待の中には，義務として求められるもの，明示されているものばかりではなく，社会が暗黙のうちに求めているものも含まれると考えてください．例えば，汚染につながると知りながら実施するようなことは避けるべきです．

4 組織の状況

● ワークブック

[1] 利害関係者のニーズと期待
　　自社・組織の EMS に関連する利害関係者のニーズ・期待は？
　　その中で順守義務となるものは？

	利害関係者	ニーズと期待
外部	顧客 　直接顧客，契約先	例：環境パフォーマンスの向上
	顧客 　製品・サービス 　利用者	例：環境配慮製品の提供
	購買先 　部材・製品購入先など	例：環境配慮製品の安定供給を期待
	外部委託先	例：環境マネジメントの支援
	規制当局	例：関連する法令などの順守
	株主	例：環境リスクの回避
	近隣住民	例：環境汚染の予防
内部	経営層	例：環境に配慮したビジネスの達成
	従業者	例：安全，衛生的な作業環境

事例　SWOT（スウォット）分析の事例

ISO 14001 では，目標達成の方法論には触れていませんが，組織の状況を理解することは，その重要なかぎとなります．

目標達成のための，戦略策定法の一例として SWOT（スウォット）分析があります．

下表（事例）は，本書用に少しアレンジしています．

SWOT 分析事例（見るみる E 版）

組織の目的・戦略的方向性	プラスチック製品の供給を通して顧客の事業を支える．	
EMS の意図した成果	脱炭素化社会及び強化される規制に対応しながら顧客に求められる製品を供給する．	
	機会（Opportunities）	脅威（Threats）
外部環境	○ ESG 投資[*1]の活性化 ○ 環境志向の高まり ○ 省エネ推進機運 ○ 海外市場の拡大 ○ 気候条件の変化	○ SDGs への取組みの遅れ ○ 委託先の減少 ○ 市場の先細り ○ 化学物質の規制強化 ○ 大規模河川近くの立地
	強み（Strengths）	弱み（Weaknesses）
内部環境	○ 職人気質の技術者が多い ○ 金融機関の支援 ○ 代替品研究が進んでいる ○ マネジメントシステムに関する理解・信頼	○ 人材の高齢化 ○ 多くの化学物質を使用 ○ 設備効率が悪い ○ コスト高のプロセス

[*1] ESG 投資：環境課題，社会課題に積極的に取り組む企業に投資を行う動き
© Kazumasa Terada, Hiroshi Fukada

組織を取り巻く様々な状況は見方によって，脅威にも機会にもなり得る，または，強みにも弱みにもなり得るという特徴があります．本書では，組織の目的・戦略，EMSの意図した成果を常に意識して分析することをおすすめしています．達成しようとする目的や期待する成果を明らかにして，組織の状況を分析することで，機会／脅威，強み／弱みの分類が容易になります．

分析の結果は，戦略計画の立案に活用します．分析の結果が，戦略または計画に反映されなければ意味をもたないことに注意してください．

SWOT分析結果に基づく戦略立案事例

	強み（Strengths） ●職人気質の技術者が多い ●金融機関の支援 ●代替品研究が進んでいる ●マネジメントシステムに関する理解・信頼	弱み（Weaknesses） ●人材の高齢化 ●多くの化学物質を使用 ●設備効率が悪い ●コスト高のプロセス
機会（Opportunities） ●ESG投資の活性化 ●環境志向の高まり ●省エネ推進機運 ●海外市場の拡大 ●気候条件の変化	強みを使って機会を活かす ○製品ライフサイクルのCO_2排出量などの積極的な情報開示 ○環境志向の製品展開 ○環境配慮製品の海外受注 ○マネジメントシステムを利用した省エネ推進	機会を利用して弱みを克服 ○マネジメントシステムを利用した魅力的な職場づくり ○マネジメントシステムを利用した防災意識の向上
脅威（Threats） ●SDGsへの取組みの遅れ ●委託先の減少 ●市場の先細り ●化学物質の規制強化 ●大規模河川近くの立地	強みを使って脅威を避ける ○製品の環境性能，会社の環境への取組みを積極的に情報開示 ○加工技術で市場対応 ○マネジメントシステムで防災強化	弱みを減らして脅威を避ける ○委託先の見直しでコスト削減 ○化学品の見直しで規制対応 ○効率向上で利益率向上

© Kazumasa Terada, Hiroshi Fukada

	好ましい	好ましくない
外部環境	**O 機会** 自社を取り巻くビジネス環境について好ましい事項・状況	**T 脅威** ビジネス環境の中で好ましくない事項・状況
内部環境（自社）	**S 強み** 自社の中で好ましい事項・状況	**W 弱み** 自社の中で好ましくない事項・状況

「マネジメントシステムにかかわる外部・内部課題を分析します.」

[補足説明]

この組織の分析によって，以後のEMSのねらい，範囲，方向性，内容が決定されるため，とても重要な活動です．

4.3 環境マネジメントシステム（EMS）の適用範囲の決定

① EMS の適用範囲を決定します．
EMS の適用範囲とは，組織がこの範囲で環境マネジメントを実施しようと決めた部分をいいます．必ずしも組織の範囲と一致しないかもしれません．
② いったん適用範囲を決めたら，その範囲にある全ての環境側面（活動，製品・サービス）がマネジメントの対象になります．
③ 適用範囲を文書化します．
④ 適用範囲は，利害関係者の誰でもが入手できるようにします．

[補足説明]

① 適用範囲を決定する際に考慮しなければならないのは，次の項目です．
  * 4.1 で決めた，組織の外部，内部の課題
  * 4.2 で決めた利害関係者のニーズ・期待のうち，順守義務となるもの
  * 組織の単位，機能および物理的境界
  * 組織の活動，製品・サービス
  * 管理することや影響を及ぼすための組織の権限，能力
② 適用範囲の決定には組織の自由度がありますが，その決め方によっては，組織の信用を損なうことがあります．環境影響の大きい部分を，あえて除外するようなことは避けましょう．

4.4 環境マネジメントシステム（EMS）

① 環境パフォーマンスの向上を中心として，組織が意図する成果を達成するためのEMSを確立し，実施し，維持し，継続的に改善します．

② EMSの中には，規格の要求事項を満たすのに必要となるプロセスと，それらの相互作用を含める必要があります．

③ EMSを確立し，維持するときには，先に検討した組織の内部，外部の課題と，利害関係者のニーズ・期待を，EMSに組み込まなければなりません．

[補足説明]

① EMSのプロセスは，管理され，計画どおりに実施され，望ましい成果をあげるものでなければなりません．

② 組織がもつ様々な事業プロセス（例えば，設計・開発，調達，人事管理，販売，マーケティングなど）に，EMSの要求事項を組み込む必要があります．

リーダーシップ
(Leadership)

5.1 リーダーシップ及びコミットメント
5.2 環境方針
5.3 組織の役割，責任及び権限

5.1　リーダーシップ及びコミットメント

① トップマネジメントは，EMS においてリーダーシップを示し，コミットメントを実証しなければなりません．

② 具体的には，次に示すようなことです．

    ★トップマネジメントは，EMS が有効であることを証拠に基づいて説明できるようにします．［説明責任（accountability）を負う］

    ★組織の状況，戦略的方向性と一致した環境方針，環境目標を確立します．

    ★組織の事業プロセスと EMS が一体となるように，組織を運営します．

    ★必要な資源（ヒト，モノ，カネ）を準備します．

    ★有効な環境マネジメントを実施すること，EMS の要求事項へ適合することの重要性を伝達します．

    ★EMS がその意図した成果を達成することを確実にします

    ★EMS の有効性に寄与するよう人々を指揮し，支援します．

    ★継続的改善を促進します．

    ★その他の管理者が，それぞれの責任の範囲でリーダーシップを発揮できるように支援します．

［補足説明］

　ここでは，リーダーシップを実証することが求められます．実証するためには，実際に行動や結果でそのことを示す必要があります．

■コラム

リーダーシップについて

　リーダーシップはマネジメントシステムの重要な要素です．ところが，従来の ISO 14001 では，この言葉は規格の要求事項として姿を見せていませんでした．そのためとは思いませんが，これまでの組織の実態を見ると，トップマネジメントの関与が弱かったように思えます．いわゆる事務局お任せ型です．これではマネジメントシステムは機能しません．

　2015 年版の ISO 14001 では，リーダーシップが大項目の一つとして取りあげられ，リーダーシップの要求が明確にされています．その細目では，コミットメントの実証や，方針の設定，あるいはマネジメントレビューの実施などが求められています．

　トップマネジメントは，方針や目標を設定して，望む成果の達成に努力しなくてはなりません．しかし，組織は一人あるいは一握りの経営層が動かしているわけではありません．役割の一部分は，中間層のリーダーに委譲され，さらに実際の活動における責任は，一般の従業員に引き継がれます．こうして，全てのメンバーの活動が組織の成果に結び付いていくのです．

　立場によって異なりますが，組織のメンバーは全員が，責任，役割を果たさなければなりません．全員に自主性が必要なのです．これをリーダーシップと呼んでも異議はないでしょう．

　特にトップマネジメントはメンバー全員のエネルギー源となるはずで，組織全てのメンバーが目標への参画意識をもち，達成感を味わい，充足感を満たすように仕向けることが重要です．こうして生まれた全員のリーダーシップこそ，組織の革新（イノベーション）を支え，組織を持続させることができるのです．

5.2 環境方針

① トップマネジメントは，組織の事業活動，製品・サービスのもつ環境影響に対して適切な，環境マネジメントのための方針を策定し，組織の内部と外部に表明します．

② この環境方針は，組織の目的の達成を支援するものになるよう設定します．

③ 環境方針には，次のコミットメント（取組みの約束）を含めます．

　★ 汚染の予防および組織固有のことがらを含めて環境保護に取り組むこと
　★ 順守義務を満たすこと
　★ 環境パフォーマンスを向上するため，EMS の継続的改善に取り組むこと

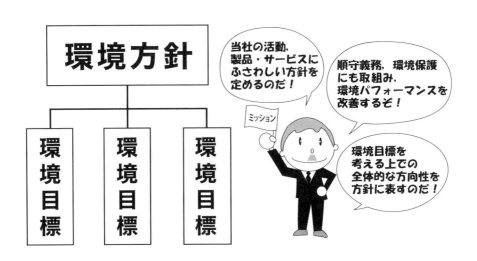

5 リーダーシップ

● **ワークブック**

[1] 環境方針は，どのような方法で参照することができますか？

> 例：当社のウェブサイト，社内掲示板，マニュアル

[2] 方針に表明された，自社・組織で取り組む環境保護の課題は何ですか？

> 例：地球温暖化，生物多様性の保護，大気・水質の保全

[3] 方針の達成に向けて，あなたの部署では，どのようなことに取り組みますか？

> 例：工程で使用される化学物質の管理

5.3 組織の役割，責任及び権限

① トップマネジメントは，環境マネジメントの役割に対して，責任と権限を割り当て，社内に周知します．
② トップマネジメントは，次のことについて，責任・権限を割り当てます．
　　★EMSがISO 14001の要求事項に適合することを確実にする．
　　★環境パフォーマンス，EMSの成果についてトップマネジメントに報告することを確実にする．

[補足説明]

要求事項への適合と，環境パフォーマンスの報告に関する責任・権限をもつ人を，従来の規格では"管理責任者"としていました．2015年版では名称にはこだわっていませんので，組織が決めればよいでしょう．

● ワークブック

[1] あなたの部署の役割は？（部署の使命，ミッション）

```
例：製品の設計


```

[2] あなたの部署の環境マネジメントにおける役割は？
　　（自部署の環境マネジメントにおける使命，ミッション）

```
例：環境負荷の少ない製品の設計


```

計 画
(Planning)

6.1 リスク及び機会への取組み
6.2 環境目標及びそれを達成するための計画策定

6.1 リスク及び機会への取組み

6.1.1 一　般

　ここでは，6.1.1から6.1.4，すなわち"リスク及び機会"への取組みのためのプロセスを定め，運用します．

　通常は，次のようなプロセスが含まれます．

　　① リスク・機会を決定するプロセス
　　② 環境側面・著しい環境側面を決定するプロセス
　　③ 順守義務を決定するプロセス
　　④ 決定されたリスク・機会にどのように取り組むかを決定するプロセス

　定められたプロセスに従って，リスク・機会を決定します．

6 計　画

● **ワークブック**

[1] 組織の状況（外部・内部の課題，利害関係者のニーズ・期待）を考慮して，あなたの部署で取り組むべき"リスク"にはどのようなものがありますか？

> 例：海外から安価な製品が市場に参入しており，既存製品のシェアを脅かしている．

　　※　環境側面，順守義務に関連するものは次ページ以降で検討します．

[2] あなたの部署で取り組むべき"機会"には，どのようなものがありますか？

> 例：化学物質の規制強化に伴い，業界全体で取り引き先の見直しを進めており，新たな顧客開拓の可能性が増えている．

　　※　環境側面，順守義務に関連するものは次ページ以降で検討します．

　著しい環境側面，順守義務に関連するリスク・機会も含め，ここで特定されたリスク・機会への取組みは，EMS運用の中で，次の図に示すように取り扱われます．

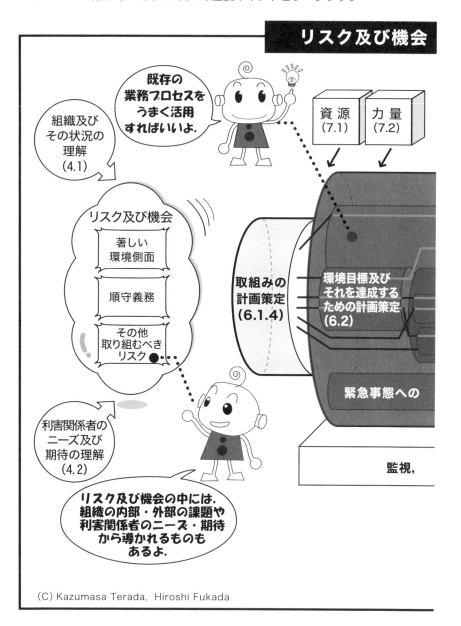

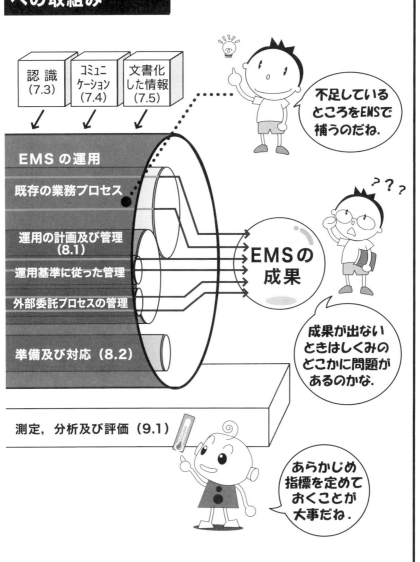

6.1.2 環境側面

① 活動，製品・サービスについて，環境側面，および，環境側面によって引き起こされる環境影響を特定します．

② 環境側面を特定するときには，次のような観点を含めておくことが必要です．

　　★ ライフサイクルの視点

　　★ 管理できる環境側面だけではなく，影響を及ぼすことができる環境側面も含める．

　　★ これから実施しようとしていること．将来計画している活動，製品・サービスなど

　　★ 過去に行っていた活動や，過去に提供していた製品・サービス

　　★ 通常の状態で生じる環境影響だけでなく，普段とは異なる状態で生じる環境影響

● ワークブック

[1] 自社・組織の"製品・サービス"に関連するライフサイクルの段階，環境側面，環境影響を考えてみましょう．

ライフサイクルの段階	環境側面	環境影響
原材料の取得		
輸送		
材料の製造		
輸送		
製品の製造		
輸送		
販売		
使用		
最終廃棄		

※各ライフサイクルの段階は，該当するものがあれば記入してください．

[2] あなたの部署の"活動"の環境側面，環境影響にはどのようなものがありますか？ 代表的なものをあげてみましょう．

環境側面	環境影響
例：工程からの廃水の発生	例：水質汚濁

6.1.2　環境側面（続き）

③　組織の実情に合わせて設定された"著しさの基準"を用いて，著しい環境側面を決定します．

④　決定された著しい環境側面を，関連する部署などに伝達します．

⑤　次の文書または記録を維持します．
　　☆環境側面およびそれに伴う環境影響
　　☆著しい環境側面を決定した基準
　　☆著しい環境側面

6 計 画

● **ワークブック**

[1] あなたの部署の"著しい環境側面"は何ですか？

> 例：廃棄物の発生

[2] 著しさを決定した"基準"はどのようなものですか？

> 例：環境影響の大きさと法による規制

[3] 著しい環境側面に取り組むことが，環境に対して，および，自社・組織にとって，どのようなメリットをもたらしますか？

環境に対するメリット	自社・組織にとってのメリット
例：資源の有効活用	例：廃棄物処理コストの低減

6.1.3　順守義務

① 順守義務，すなわち，順守する必要のある法的要求事項，および，組織が順守するその他の要求事項を決定します．

② その要求事項をどのように組織に適用するのか，すなわち，下記を決定します．
　★順守義務を満たすために，具体的に何を行うのか．
　★どのような活動をするのか．
　★どこまでを管理，改善するのか．

③ 順守義務に関する情報を文書化し，維持します．

［補足説明］

順守義務の対象には，次のようなものが含まれることに注意します．

① 法的要求事項
　★法律で要求・規制されていること
　★地方自治体の定める条例で要求・規制されていること

② その他の要求事項
　★業界で定めたガイドライン・規制など
　★近隣の住民などとの自主的な取決め

順守義務に関する情報を文書化するときには，次のことが含まれるように注意する必要があります．

① どのような順守義務があるのか（守るべきことは何か）．

② その順守義務を満たすために，どのような取組みをするのか．

6 計 画

● ワークブック

[1] あなたの部署の順守義務には，どのようなものがありますか？

> 例：廃棄物処理法

[2] その順守義務を満たすために，どのような活動を行いますか？

> 例：マニフェスト（産業廃棄物管理票）による管理

[3] 順守義務に関する最新の情報は，どのような情報源を利用して確認できますか？

> 例：インターネット

6.1.4 取組みの計画策定

① 次の事項への，取組みの計画を策定します．
   - ☆ 著しい環境側面
   - ☆ 順守義務
   - ☆ 6.1.1 で特定したリスク・機会
② 取組みの計画では，次の事項を行う方法を検討しておきます．
   - ☆ その取組みの EMS プロセス，または他の事業プロセスへの統合・実施
   - ☆ その取組みの有効性の評価
③ この取組みを計画するときは，次のようなことを考慮します．
   - ☆ より良い技術の採用の可能性
   - ☆ 予算など財務上の要求
   - ☆ 運用上，事業上など組織の制約

6 計画

[補足説明]

　ISO 14001では，この6.1.4でリスク・機会への取組みの計画が，また後出の6.2.2では，環境目標達成のための取組み計画が，さらに8.1では運用のための計画が求められます．それぞれの計画内容に相違があるので，注意しましょう．

　　＊6.1.4の計画：著しい環境側面，順守義務を含めて特定したリスク・機会に，どのように取り組むかの戦略的な計画を指します．

　　＊6.2.2の計画：6.1.4で定めた戦略に従って設定された，環境目標を達成するための取組み計画です．

　　＊8.1の運用計画：6.1.4で定めた戦略を実現し，6.2.2で定めた環境目標を達成するための取組みを，実際に組織の運用プロセスの中でどのように実現していくかを詳細に定めた運用の計画です．

6.2　環境目標及びそれを達成するための計画策定

6.2.1　環境目標

　①　環境目標を確立します．環境目標の設定では，次のことを考慮に入れます．

　　　＊著しい環境側面を，確実に考慮に入れる．
　　　＊関連する順守義務を，確実に考慮に入れる．
　　　＊リスク・機会を考慮する．

　②　環境目標は，次のことを満たすように策定し，展開します．

　　　＊環境方針と整合する．
　　　＊測定可能である（達成したか否か明確である）．
　　　＊達成状況を監視する．
　　　＊組織内に伝達する．
　　　＊必要に応じて見直し，更新する．

　③　環境目標は文書化し，維持します．

6.2.2　環境目標を達成するための取組みの計画策定

① 環境目標を達成するための計画を策定します．計画では，次のことを明確にしておきます．

　　＊環境目標の達成のために何を実施するか．

　　＊環境目標のために必要な資源（必要な予算，要員，設備・機器など）

　　＊環境目標の達成に責任をもつ人

　　＊目標を達成する期限

　　＊結果の評価方法，目標達成に向けた進捗を監視するための指標

② 環境目標を達成するための取組みについては，組織の事業プロセスに，できるだけ統合できるよう考慮する．

6 計 画

● **ワークブック**

[1] あなたの部署の環境目標には，どのようなものがありますか？
また，その達成を測るための指標は何ですか？

環境目標	達成の指標
例：廃棄物を10％削減	例：廃棄物の発生量と生産量の比

[2] 環境目標を達成するための計画は，何を見ればわかりますか？

例：部門別年度行動計画

指標を決めておくことが重要ね．

■コラム

本業と ISO のマネジメントシステム

　しばらく前の話ですが，"本業に沿ったEMS"の重要性が真面目に説かれている時期がありました．本業とは離れてEMSが存在する例が多くあったのです．コピーの裏紙使用を奨励したり，植林に精を出したり，野生生物の渡り道の確保を行うことだけがEMSの目標になっている組織がありました．確かにこれらはとても大事なことですが，そのことだけを環境マネジメントの目標とするならば，どうやら本業とは遊離することになりそうです．

　また，マネジメントシステムの認証取得組織が，審査の時期（毎年行われる維持審査）を迎えると，必要な書類を整備したり（場合によってはコンサルタントにその整備を依頼する），あわてて内部監査を行ったりするのを見かけることがありました．そのような組織の多くは，マネジメントシステムを事務局に任せきっていて，本来の業務とは関係のない帳票類ができあがっていました．いわゆる二重帳簿ですね．二重帳簿であっても整備されていれば，審査の目をごまかすことはいくらでもできるのです．

　これでは，マネジメントシステムは組織の重荷になるばかりです．認証取得がその組織の目的ならば別ですが，それでは組織本来のビジネスには何ら寄与しないはずです．

　ISOの現在のルールでは，全てのマネジメントシステムが，このようなことにならないように，"マネジメントシステムの要求事項を組織のビジネスプロセスに統合すること"を求めています．組織の事業活動が，"環境"，"品質"，"労働安全衛生"などの面で，それらの要求事項を満たすことが，組織の活動を万全なものにすることを示したのです．

支 援
(Support)

7.1 資　源
7.2 力　量
7.3 認　識
7.4 コミュニケーション
7.5 文書化した情報

7.1 資　源

EMS の確立，実施，維持，継続的改善に必要な資源を決定し，準備します．

[補足説明]

① 環境マネジメントシステムが意図した成果をあげるためには，様々な資源が必要になるでしょう．必要な資源は，組織によって異なりますが，次のようなものがあげられます．
   - ✯ 資金
   - ✯ 要員
   - ✯ 技術・知識・情報
   - ✯ 施設・設備・監視測定機器
   - ✯ 環境条件

② 組織内で十分なものもありますが，場合によっては，組織外の力に頼ることもできます．

7.2 力 量

① 環境パフォーマンスに影響を与える業務，順守義務に関連する業務を行う人に求められる力量を明確にします．
② 求められる力量を確保します．
③ 教育訓練で力量を確保する場合には，どのような教育訓練が必要かを決定し，計画します．
④ 力量が確実に備わっているか，確認を行います．

[補足説明]

① 力量をもたせる（確保する）ための処置には様々な方法があります．
　　★教育，訓練，経験
　　★人事異動（配置転換や新規の採用など）
　　★外部への委託
② 力量のレベルは組織が決めますが，その人が実施した業務の結果については組織が責任をもちます．

ワークブック

[1] あなたの仕事で，環境パフォーマンス，順守義務に関連する業務には，どのようなものがありますか？

関連する環境パフォーマンス／順守義務	業　務
例：製品の環境性能（有害物質の含有の有無）	例：設計

[2] 環境パフォーマンスを改善するため，または，順守義務を満たすためには，どのような力量が必要ですか？

例：製品原材料の特性の理解

[3] 力量が不足している場合，力量を補うための計画は，どこに記載されていますか？

例：部門別の教育訓練計画

7.3 認識

組織の管理のもとで働く全ての人々は，次のことを認識しなければなりません．

　　★ 組織の環境方針

　　★ 自分の業務に関連する環境側面・環境影響

　　★ 環境パフォーマンスの向上や EMS の成果をあげるために，自分がどのように貢献できるか．

　　★ 順守義務を満たさないこと，EMS の決めごとに違反した場合の意味

一人ひとりの認識を高めると，パフォーマンス（実績）向上につながります！

［補足説明］

認識を十分なものにするためには，継続的な啓発，教育などが有効です．

● **ワークブック**

[1] 環境パフォーマンスの向上のために,あなたは,どのような取組みを行いますか？

> 例：廃棄物の分別の徹底

[2] 順守義務への違反があった場合,EMS の決めごとを守らない場合,どのような不利益が予想されますか？

> 例：再利用可能なものが廃棄されてしまう．当社にとってもコスト増になる．

7.4 コミュニケーション
7.4.1 一　般
① EMSに関連するコミュニケーションプロセスを決めて，実施します．このプロセスには，次のことを含めておきます．
　　★どのような内容を，コミュニケーションするか．
　　★いつ，コミュニケーションを実施するか．
　　★誰と，コミュニケーションするのか．
　　★どのように，コミュニケーションするのか．
② 製品・サービスに関する情報開示，説明責任に関連して，十分な情報を収集するプロセスが必要です．
③ コミュニケーションプロセスの決定では，次のことを考慮します．
　　★順守義務
　　★伝達される内容は，EMS情報と整合し，信頼性があること
④ EMSについて，関連するコミュニケーションに対応します．
⑤ 必要に応じて，コミュニケーションの証拠として，文書・記録を維持します．

7.4.2 内部コミュニケーション
① 変更も含め，EMSに関する内部コミュニケーションを行います．
② 組織の管理下にある人たちが，継続的改善に寄与できるよう，改善提案などのプロセスを備えておきます．

7.4.3 外部コミュニケーション
順守義務の要求がある場合はもちろん，それ以外の場合も決定されたプロセスのとおり，外部コミュニケーションを実施します．

● **ワークブック**

[1] 外部とのコミュニケーションプロセスは，どのように決められていますか？

> 例：環境に関する苦情は，環境管理委員に連絡する．

[2] EMSの改善提案がある場合に，どのような方法で提案しますか？

> 例：電子メールで，環境管理委員に連絡

7.5 文書化した情報
7.5.1 一般
EMS には，次の事項を含みます．
- ① ISO 14001 が要求する，文書化した情報（文書，記録）
- ② EMS の有効性のために組織が必要と判断した，文書化した情報（文書，記録）

[補足説明]
- ① 文書化した情報には，手順書などの"文書"や，実施した結果を示す"記録"の両方が含まれます．
- ② 本書では，文書化した情報についてイメージしやすいように"文書"または"記録"という用語を用いています．

7.5.2 作成及び更新
- ① 文書・記録は，タイトル，日付などで識別でき，適切な表し方（言語，ソフトウェアの版，図表），媒体（紙，電子）で作成します．
- ② 文書・記録は，適切性，妥当性について，その重要性，および性質などに応じて適切にレビュー・承認などを行います．

7.5.3 文書化した情報の管理
- ① 文書・記録は，必要なときに使いたい場所で使えるようにします．
- ② 文書・記録は，必要に応じて機密性を確保し，不適切な使用（例：知的所有権の侵害など），完全性が損なわれる（意図しない削除・改変，破損）ことがないように保護します．
- ③ 文書・記録は，配付，アクセス，検索，利用，保管・保存およびその変更などの管理を行います．

● **ワークブック**

[1] 環境マネジメントのための文書は，どこに保管されていますか？

文書名	保管されている場所
例：環境マニュアル	例：製造部の文書キャビネット

運　用
（Operation）

8.1　運用の計画及び管理
8.2　緊急事態への準備及び対応

8.1 運用の計画及び管理

① 6.1 および 6.2 で決定した取組みを，具体的に運用，実施するために必要なプロセスを決め，そのプロセスを実施し，管理します．プロセスの運用，管理には，運用基準の設定が重要です．

② プロセスの変更を管理します．

③ 外部委託したプロセスについて，どのような方法で，どの程度まで管理するかを決定し，その決定に従って管理します．

④ プロセスが計画どおりに実施されたことを，実証するために必要な文書・記録を維持します．

[補足説明]

① 計画した運用の変更を管理することはもちろん，意図に反して生じた変更（例：要員の誰かが個人の判断で運用を簡略化してしまった．）に対しても，その状況に応じて，有害な影響を緩和する処置が必要です．

② 外部委託プロセスの管理の方法には，直接管理する，管理を確認する，または何らかの方法で影響を及ぼす，などがあります．

8 運用

● **ワークブック**

[1] あなたの部署で運用するプロセスは，どのような基準に従って管理されていますか？　また，その基準はどのような文書に定められていますか？

プロセス	運用基準	基準を記した文書
例：廃棄物管理	例：分別の基準	例：廃棄物分類表

[2] また，そのプロセスの運用に変更が必要な場合，誰の許可が必要ですか？

プロセス	運用の変更を許可する人
例：廃棄物管理	例：施設管理部

[3] あなたの部署で外部委託しているプロセスがある場合，それはどのようなプロセスですか？
　　また，そのプロセスをどのように管理していますか？

外部委託したプロセス	管理の方法
例：廃棄物の運搬，処分	例：契約および当社の取組みの伝達

8.1 運用の計画及び管理（続き）

運用の計画・管理は，ライフサイクルの視点に従って実施する必要があります．具体的には，次のようなことを実施します．

① 製品・サービスの設計において，ライフサイクルの各段階を考慮した要求事項を取り込む．
② 製品・サービスの外部調達に関する，環境上の要求事項（調達品の仕様など）を決定する．
③ 供給者・請負者に対して，環境上の要求事項（協力依頼など）を伝達する．
④ 製品・サービスの輸送，使用，使用後の処理，最終処分の段階で著しい環境影響が生じる可能性がある場合，情報提供の必要性を考慮する．

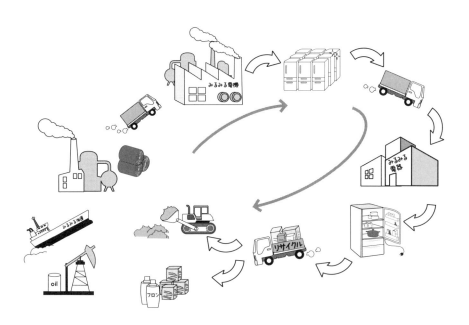

8 運 用

● **ワークブック**

[1] あなたの部署で製品・サービスの設計に関連する業務がある場合，ライフサイクルの視点を考慮に入れた設計の基準は，どの文書に定められていますか？

例：新製品構成部材選定チェックリスト

[2] あなたの部署で外部から調達している製品・サービスがある場合，調達に関する要求事項にはどのようなものがありますか？ また，それはどの文書に定められていますか？

調達するもの	要求事項	文書
例：梱包材	例：再生材を使用する	例：グリーン調達基準

[3] 供給者・請負者がいる場合，どのような環境上の要求事項の伝達が必要ですか？

供給者・請負者	要求事項
例：運送会社	例：輸送エネルギーの削減

[4] 製品の使用，使用後の廃棄など，どのような段階に関連して情報提供の必要がありますか？

製品の段階	提供する情報
例：廃棄	例：製品からのフロンの回収方法

8.2 緊急事態への準備及び対応

① 6.1.1で特定した，潜在的な緊急事態への準備および対応のために必要なプロセスを決定し，実施します．

② 準備
- ＊緊急事態によって発生する可能性のある有害な環境影響を，どのように防止するか，どのように緩和するか，計画する．
- ＊計画した対応処置が実行可能なものであれば，定期的にテストする．
- ＊プロセスおよび計画された処置をレビューし，改訂する．これは，決められた時期，またはテストの実施後に行う．
- ＊組織の管理下で働く要員，利害関係者に関連する情報および教育訓練を提供する．

③ 対応（実際に発生した場合）
- ＊緊急事態が発生した場合に，計画に従って対応する．
- ＊緊急事態が発生した場合には，可能性のある影響を予測して，適切な防止または緩和の処置をとる．
- ＊緊急事態に対応した後には，プロセス・処置の計画をレビューし，改訂する．

④ プロセスが計画どおりに実施されるという確信をもつために必要な文書・記録を維持する．

8 運用

● **ワークブック**

[1] あなたの部署には，どのような環境上の緊急事態があり得ますか？

> 例：重油タンクからの油の漏えい

[2] 緊急事態への対応計画のテストは，いつ，どのように行われますか？

> 例：毎年9月に防災訓練に合わせてテストを実施

パフォーマンス評価
(Performance evaluation)

9.1 監視,測定,分析及び評価
9.2 内部監査
9.3 マネジメントレビュー

9 パフォーマンス評価

9.1 監視，測定，分析及び評価
9.1.1 一　般

① 環境パフォーマンスを監視・測定し，その結果を分析，評価します．

② 監視・測定，分析・評価のために，次のことを決めておきます．
- ★何を監視・測定する必要があるか
- ★妥当な結果を導き出すために，どのようにして，監視・測定，分析・評価を行うか
- ★環境パフォーマンスを評価するための基準および指標
- ★いつ監視・測定を行うか
- ★監視・測定結果を，いつ分析・評価するか

③ 監視・測定，および分析・評価に必要な監視機器・測定機器がある場合には，校正または検証されたものを使用します．

④ 環境パフォーマンスおよび EMS の有効性を評価します．

⑤ コミュニケーションプロセスに従い，順守義務に関する要求事項も満たして，関連する環境パフォーマンス情報について，内部・外部のコミュニケーションを実施します．

⑥ 監視・測定，分析・評価の結果の証拠として文書・記録を維持します．

● **ワークブック**

[1] あなたの部署では，何を，いつ，監視・測定しますか？
　　また，その結果は誰が分析・評価しますか？

監視・測定の対象	監視・測定の時期	分析・評価する人
例：騒音	例：毎週水曜日	例：環境保全課

[2] 校正または検証の必要な監視・測定機器がありますか？
　　ある場合，いつ，校正または検証を行いますか？

監視・測定機器	校正・検証の時期
例：騒音計	例：2年ごと

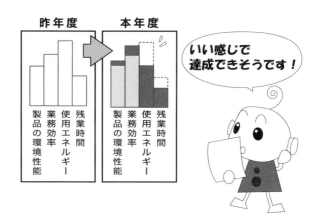

9.1.2　順守評価

① 順守義務を満たしていることを評価するためのプロセスを決定し，実施します．
② 順守評価のために，次のことを実施します．
　　★順守を評価する頻度を決める．
　　★順守を評価し，不順守や，違反が懸念される場合など，必要な場合には，処置をとる．
　　★順守状況に関する知識，理解を維持する．（順守義務に関する情報や，組織の順守状況を確認した結果が最新のものであるようにすること．）
③ 順守評価で用いる情報源には，次のようなものがあります．
　　★巡視，点検，観察，面談，レビュー，サンプリング，分析，テストなど
④ 順守評価の結果の記録として，文書・記録を保持します．

● **ワークブック**

[1] あなたの部署では，順守義務を満たしていることを評価するために，何を，いつ確認しますか？

何　を	いつ確認する
例：廃棄物処理委託業者との契約	例：毎年3月

[2] 順守確認の結果は，どこに記録しますか？

例：順守状況確認表

9.2 内部監査
9.2.1 一　般
　次のことを評価し，その情報を経営層などに報告するために，定められた間隔で内部監査を実施します．

　①　適合性評価
　　　＊EMS のために組織自らが決定した手順，基準や計画，ISO 14001 の要求事項に適合しているか．
　②　有効性評価
　　　＊EMS が有効に実施され，維持されているか（期待どおりの結果が得られているか）．

9.2.2 内部監査プログラム
　①　内部監査の頻度，方法，誰が，どのように計画し，報告するのかなどを定めた内部監査プログラム（監査全体のしくみや計画）を決定し，実施します．
　②　内部監査プログラムの策定時には，次のことを確認し，プログラムに反映します．
　　　＊監査するプロセスの，環境上の重要性
　　　＊組織に影響を及ぼす変更
　　　＊前回までの監査結果
　③　監査では，次のことを行います．
　　　＊それぞれの監査について，監査基準，監査範囲を明確にする．
　　　＊監査員は，客観性，公平性をもって監査できるよう選定する（自分の所属する部署は，監督しないことが基本）．
　　　＊監査結果を,関連する管理層(管理職など)に確実に報告する.
　④　監査プログラムおよび監査の結果として，文書・記録を残します．

● **ワークブック**

[1] あなたが内部監査員でもある場合，内部監査の実施に向けて何を準備しますか？

> 例：監査する部署に適用される法的規制を調査して，チェックリストを作成する．

9.3 マネジメントレビュー

① トップマネジメントは，EMS が適切性，妥当性，有効性を維持できるように，あらかじめ定めた間隔で EMS 全体をレビューします．

② マネジメントレビューでは，次の点に注目します．
  * 前回までのマネジメントレビューの結果への対応状況
  * EMS をめぐる，組織の状況の変化
      この中では，"外部及び内部の課題"，"利害関係者のニーズ及び期待"，"著しい環境側面"，"リスク及び機会" などが大事です．
  * 環境目標が達成された程度
  * 環境パフォーマンスに関する情報
      不適合の状況，監視・測定の結果，順守義務の評価，監査結果，資源の投入状況など
  * 利害関係者とのコミュニケーション
  * 改善の機会として取りあげた事項

③ マネジメントレビューからのアウトプットには，次のことを含めます．
  * EMS の適切性，妥当性，有効性を評価した結果
  * 継続的改善の機会を決定した結果
  * EMS の変更の必要性に関する決定事項
  * 環境目標の未達を含む不適合への処置
  * 組織の戦略的な方向性との整合性および事業プロセスとの関連

④ マネジメントレビューの結果の証拠として，記録を残します．

改 善
(Improvement)

- 10.1 一 般
- 10.2 不適合及び是正処置
- 10.3 継続的改善

10 改善

10.1 一般

組織は，EMSの意図した成果を達成するために改善の機会を決めて，これに取り組みます．

[補足説明]

① 改善には，日々の運用における小さな改善も，システムの改善も考えられますが，何よりもこれを持続することが大切です．

② 業務プロセスや製品・サービスの革新的な改善を考えることもまた重要です．

③ 革新的な改善を生み出すためには，自由で自主性のある組織の風土が必要です．EMSの要求の枠を超えたチャレンジも大切です．

10.2 不適合及び是正処置

不適合が発生した場合には，次のことを実施します．

① 不適合に対処し，次のことを行う．
　★不適合を管理し，修正するための処置をとる．
　★有害な環境影響の緩和，不適合によって起こった結果に対処する．

② 不適合に対する是正処置のため，次のことを実施します．
　★不適合をレビューし，分析する．
　★不適合の原因を明確にする．
　★類似の不適合がないか，類似の不適合が発生する可能性がないかを明確にする．
　★不適合に対する，必要な処置を実施する．
　★とった是正処置の有効性をレビューする．
　★必要な場合，EMSを変更する．

是正処置のねらいは，同じ不適合が再発しないようにする，またほかのところで発生しないようにすることです．

③　是正処置は，不適合によって生じる影響（これには環境への影響も含む）の大きさに応じたものとします．

④　不適合の性質，それに対してとった処置，是正処置の結果などを文書化し，維持します．

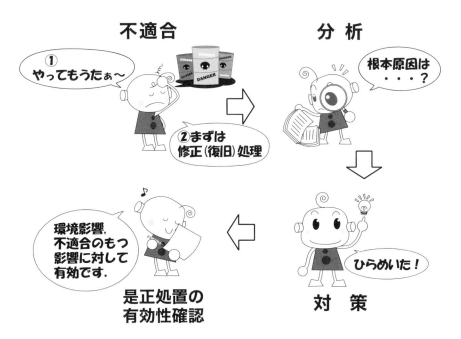

[補足説明]

2004年版にあった"予防処置"という用語は，要求事項からはなくなりました．それは，リスク及び機会に取り組むマネジメントシステムそのものが予防処置として機能する，というISOマネジメントシステム規格の共通的な考え方によるものです．

10.3 継続的改善

環境パフォーマンスを向上させるために，EMS の適切性，妥当性および有効性を継続的に改善します．

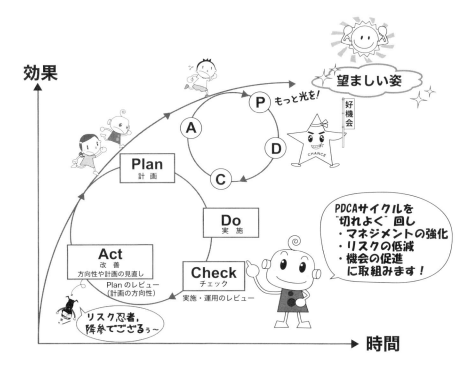

[補足説明]

　システムを維持して，決められた運用を守るだけでは，組織も組織の環境パフォーマンスも改善や向上は望めません．小さな改善，大きな改善を続けることによって，初めて組織は維持され，発展が望めるのです．

見るみる E 資料編

- 4.1 マネジメントシステムとパフォーマンス
- 4.2 環境側面と環境影響の事例
- 4.3 内部監査を行う際の重要ポイント
- 4.4 自社・組織の環境マネジメント年間活動スケジュール

4.1 マネジメントシステムとパフォーマンス

　マネジメントシステムの改善を通して，環境パフォーマンスを向上させるためには，マネジメントシステムとパフォーマンスの関係について理解しておくことが必要です．

　EMS のパフォーマンスは，EMS の運用によって得られた成果です．環境パフォーマンスは，環境側面の管理によって得られた成果で，EMS のパフォーマンスの一部となります．

　EMS の運用によって，例えば，従業員の認識が向上する，文書化など，業務システムの見える化が向上するなど，様々な成果（＝ EMS のパフォーマンス）が得られるでしょう．これらは，最終的には，環境パフォーマンスの改善に結び付いてくるはずです．

　EMS の運用を継続しているにもかかわらず，環境パフォーマンスの改善が見られない場合には，マネジメントシステムのどこかに問題が潜んでいる可能性があり，そのような問題点の改善が必要となります．

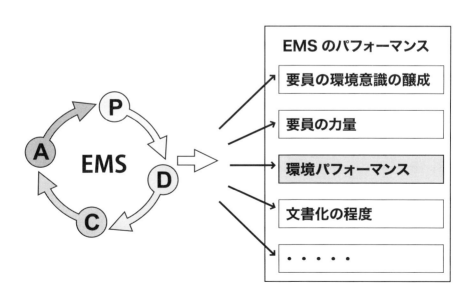

4.2 環境側面と環境影響の事例

環境側面の捉え方は組織によって様々ですが，ISO 14001の定義では，"環境と相互に作用する，又は相互に作用する可能性のある，組織の活動又は製品又はサービスの要素"とされています．

次のことに注意して特定するとよいでしょう．

① 活動，製品・サービスの要素

活動，製品・サービスを構成しているものであること．どの程度の細かさで，どのような分類で捉えるかは，組織の自由ですが，統一感をもった視点で特定しておくことが重要です．

② 環境と相互に作用する

環境にどのように作用するか，環境からどのような作用を受けるかがわかりやすい細かさの程度で捉えておくと，目標への展開，または管理が容易になります．

環境側面・環境影響・環境パフォーマンスの例

区分	環境側面	環境影響	環境パフォーマンス
有害な影響	金属材料の使用	天然資源の枯渇	使用量
	燃料油・電力の使用	再生不可能な資源の枯渇	エネルギーの使用量
	排ガスの放出（SO_2，NO_x，CO_2など）	健康障害，酸性雨，温暖化など	排ガスの質 排ガスの量
有益な影響	再生可能エネルギーの使用	枯渇資源の温存	使用量
	設備・プロセスの効率化	資源の持続的利用	資源・プロセスの効率
	分解の容易な製品設計	廃棄物の削減	分解にかかる時間
	物流輸送ルートの最適化	エネルギー資源の節減	平均輸送時間

4.3　内部監査を行う際の重要ポイント

　マネジメントシステムの継続的改善を実現するために，内部監査の機能はとても重要です．

　認証のための審査を行う審査員は，マネジメントシステムのエキスパートで，様々な組織のEMSを審査し，多くの知見をもっているでしょう．しかしながら，自社のマネジメントシステムや自社の業務については，組織の一員である内部監査員のほうが間違いなく熟知しているはずです．マネジメントシステムの有効性の向上のためには，内部監査の有効性の向上が欠かせません．

　ISO 14001は，リスクベースの管理，プロセスアプローチを基礎としたマネジメントシステムです．内部監査のしくみも，それを考慮する必要があります．

①　リスクベースの内部監査

　リスクベースの内部監査を実施するためには，監査プログラムの管理が重要です．監査プログラムおよびその管理は，ISO 19011（JIS Q 19011／マネジメントシステム監査のための指針）に示されています．この監査プログラムの管理に，ISO 14001で監査プログラムへの考慮事項を入れると，次ページの図に示されるようなサイクルになります．

　内部監査の形骸化をなげく多くの組織では，この監査プログラムの管理が適切に行われていないようです．

　次のことを確認しておく必要があります．

　　　★ 監査プログラムの目的は明確ですか？
　　　★ 内部監査プログラムの策定，実施，監視，レビューおよび改善の責任者は明確ですか？

内部監査員は，基本的には各監査の計画，実施の部分に責任をもちます．内部監査プログラムの管理および改善には，管理責任者や事務局などの積極的な関与が必要となります．

内部監査プログラムの管理

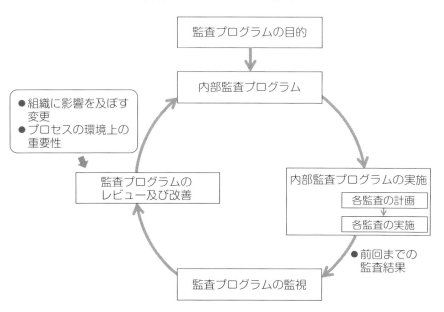

リスクを重視した内部監査を実現するためには，この監査プログラムの管理サイクルが確立されることが必要です．また，前回までの監査結果や，組織に影響を及ぼす変更，監査プロセスの環境上の重要性が適切に監視，レビューされ，監査プログラムに反映される必要があります．

　"各監査の計画"においては，改訂されたISO 14001の要求事項で，監査基準および監査範囲を明確にすることが規定されていることにも注意が必要です．各監査員は，それぞれの監査計画の立案時に，依頼された監査の目的を果たすために，どの範囲を見る必要があるかを検討し，適切な計画を立案する必要があります．

② プロセスアプローチの監査

　"プロセスが期待どおりの成果をあげ有効に機能しているか"を確認する際は，プロセスアプローチの監査が役立ちます．

　プロセスアプローチの監査については，ISO 9001審査実務グループ（IAFおよびISO/TC 176のエキスパートによって構成されたISO 9001 Auditing Practices Group）の発行した，"プロセス"に関するIAFガイダンス文書が参考になります．このガイダンス文書では，次のフローを理解することがプロセスアプローチの監査を実施する上で役立つとしています．

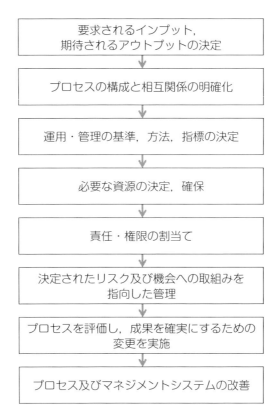

（資料：ISO 9001 Auditing Practices Group Guidance on
—Processes を著者一部変更）

　まず，どのようなインプットをどのようなアウトプットに変換するプロセスを監査しようとしているのかを明確にします．これは，様々なレベルのプロセスに適用することが可能です．例えば，廃水処理プロセスの監査に適用するならば，インプットは工程から発生した廃水（汚水）で，アウトプットは浄化された水になるでしょう．事業プロセス全体を捉えるならば，インプットは，顧客などの利害関係者の期待となり，アウトプットは，顧客の期待に応えた，環境配慮型の製品などになるかも

しれません．監査の範囲を決定し，監査の計画を立案する場合には，監査の対象を組織や，特定の部門に限定することなくインプットをアウトプットに変換する一連のプロセスで見ることが重要です．

　審査機関の行う審査を内部監査のお手本として，それにならってやみくもに内部監査を実施している例を多く見受けます．審査の最も重要な目的は，ISO 14001への適合を確認することであり，必ずしも自社・組織の内部監査の目的とは一致しない場合もあることに注意が必要です．

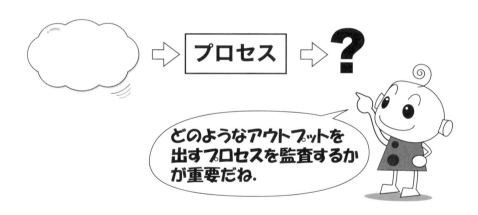

4.4 自社・組織の環境マネジメント年間活動スケジュール

自社・組織のマネジメントシステムのサイクルを理解し，活動の実施を確実にしましょう！

No.	実施する活動
1	組織の状況の分析 （外部・内部の課題の決定，利害関係者のニーズ・期待，順守義務の決定）
2	環境側面・著しい環境側面の見直し
3	法的規制など改正情報の調査
4	順守義務の見直し
5	取り組むべきリスク・機会の決定
6	年度の環境目標の設定
7	環境目標の周知・認識の向上のための教育
8	緊急事態への対応計画のテスト
9	監視・測定結果の分析および評価
10	監視・測定機器の校正・検証
11	環境目標の達成状況の確認・報告
12	順守に関する定期評価
13	内部監査
14	マネジメントレビュー
15	その他
16	外部審査

月	月	月	月	月	月	月	月	月	月	月	月

■コラム

環境マネジメントシステム規格の活用

　マネジメントシステム規格は，法律と違って，組織に何かを強制するものではありません．組織がビジネスを円滑に行い，組織の目的を効果的に達成するためのひな形を示すだけのものです．したがって，このひな形を組織の中に作りあげただけでは，何の成果をあげることもできません．そのことは，規格の序文にも明瞭に示されています．成果をあげるためには，組織が作りあげたマネジメントシステムの決めごとを，組織の全員が認識して，その実現に努力し，適切に見直すことを繰り返さなければなりません．

　マネジメントシステム規格に関しては，審査機関による審査認証制度がありますが，この制度では，組織のシステムが適切に運用されていることを評価し，第三者に対して，その組織がシステムを有効に運用していることを示すだけです．評価の細目に振り回されることなく，その意図を十分に理解してください．もし組織がシステムを完成しても，これを適切に運用しなければ，組織は何の利益も得られないでしょう．認証取得のために，事務局がシステムを作るだけで，全ての従業員が参画することもなく，効果もあがらないとしたら，その組織は"規格に使われている"といえるかもしれません．規格に使われることなく，"規格を使う"ことが大事です．

　規格を使いこなせたか，最後にもう一度，皆さんのEMSをよく見直してみましょう．

　　① 組織の目的は明確になっていますか．利益をあげるだけでは，組織のエゴにすぎません．社会に害することなく，貢献することが重要です．
　　② 組織をめぐる周囲の状況や，組織内部の長所，弱点を把握できていますか．これらの状況へのミスマッチは失敗のもとです．

③　EMS は組織の実態に合わせて構築・運用するもので，組織を ISO 14001 に合わせるものではありません．
　④　リーダーシップは組織全体に伝わり，組織の全員がシステムの運用に積極的に参加することが大切です．
　⑤　決められた取組みに従って全てが運用され，期待された成果につながっていますか．
　⑥　常に運用が監視，測定，評価され，適切に改善が進んでいますか．
　以上で合格点が得られれば，皆さんは自信をもって EMS に取り組んでいくことができるはずです．

　組織の内部から外部に及ぶコミュニケーションを通して，共通の価値観を築きあげ，信頼しあった小さなチームごとに活動を進め，得られた経験，知識をベースにして，更なる改善に努めれば，成果があがらないはずはありません．

　システムが機能しはじめれば，おのずと成果はついてくるはずです．そのことに皆さんが喜びを感じられるようになれば，組織独特の文化が築かれ，感性が生まれ育つことになるでしょう．組織全体で"駆け抜ける歓び"という感性を共有し，これを支えにして多くの業績を勝ち取った企業もあります．

　マネジメントシステムは様々な目的をもちますが，その基本は共通です．EMS で築きあげた皆さんの自信を，組織全体の目的達成に拡大して，組織の存続と発展を図ってください．

　ISO 14001 は，組織の視点を広げ，組織が環境にどのような影響を与えているか，環境が組織にどんな影響を与え得るか，あるいは組織が関連する上流，下流に至る広い範囲を見ることをすすめ，リスクへの対応にとどまらず，機会を積極的に捉えて，改善，革新を図るマネジメントを推奨しているのです．

あ と が き

　マネジメントシステムは，誰かに強制されるものではなく，組織が自ら主体的に取り組むことによって，目的を達成しようとするしくみです．単なる"認証"というお墨付きから一歩踏み出し，自らの意思を前面に出して，一見困難な課題に取り組んだとき，初めて素晴らしい成果に結び付くでしょう．同じように，組織の一人ひとりが，組織の掲げる方針に賛同し，自らの意思をもって取り組んだ結果として得られた成果は，個人にとっても，組織にとっても真に誇れるものとなるはずです．本書がそのような積極的な取組みへのきっかけを生み出してくれることを願いながら，執筆しました．

　EMS のしくみそのものはシンプルです．認証されたマネジメントシステムであっても，それは一つのツールにすぎません．その目的に向かって確実に運用してこそ，その成果が得られるのです．本書を参考に，気持ちよく PDCA が回るしくみを整理して，運用していけばよいのです．PDCA は頭では理解できていても，正しく実践することが難しいものです．PDCA を回すレベルや期間は，組織全体にわたるものから，個人レベルのものまで様々です．これらを繰り返し，繰り返し実施して，初めて成果が得られます．一回の PDCA で満足のいく成果が得られるとは限りません．飽くことなく地道に繰り返すことが大事です．組織の課題が正しく捉えられること，精度の高い計画（P），弛（たゆ）むことのない実施（D），期待と成果の比較・評価（C），そして改善，進化（A）を繰り返すことによって，初めて成果につながることを理解してください．

　EMS が，そして本書が，PDCA のマネジメントを組織の文化にまで進化させるきっかけとなることを願っています．

　　　　　著者代表　IMS コンサルティング株式会社　寺田　和正

参 考 文 献

<規格>
1) JIS Q 14001:2015　環境マネジメントシステム―要求事項及び利用の手引
2) JIS Q 31000:2010　リスクマネジメント―原則及び指針
3) JIS Q 19011:2012　マネジメントシステム監査のための指針
4) JIS Q 9001:2015　品質マネジメントシステム―要求事項
5) JIS Q 9000:2015　品質マネジメントシステム―基本及び用語

<書籍>
1) 寺田和正，深田博史，寺田博著（2016）：見るみる ISO 9001―イラストとワークブックで要点を理解，日本規格協会
2) 株式会社エーペックス・インターナショナル著（2001）：ISO の達人シリーズ［イソタツ］2　ISO 14000，株式会社ビー・エヌ・エヌ
3) 株式会社エーペックス・インターナショナル著（2001）：ISO の達人シリーズ［イソタツ］ ISO 9000:2000，株式会社ビー・エヌ・エヌ
4) 株式会社エーペックス・インターナショナル著（2002）：国際セキュリティマネジメント標準　ISO 17799 がみるみるわかる本　情報システムのセキュリティ対策規格をやさしく解説！，PHP 研究所
5) 株式会社イーエムエスジャパン著（2005）：ISO 14001 がみるみるわかる本，PHP 研究所

<ウェブサイト>
1) 公益財団法人日本適合性認定協会のウェブサイト
http://www.jab.or.jp/
2) 一般財団法人日本規格協会のウェブサイト　http://www.jsa.or.jp/
3) ISO のウェブサイト　http://www.iso.org/

著者紹介

寺田　和正（てらだ　かずまさ）
- 情報システム開発・業務コンサルティングを担うアルス株式会社に入社．株式会社イーエムエスジャパン入社後は，ISO マネジメントシステムに関するコンサルティング・研修業務などに携わる．
- 現在は，IMS コンサルティング株式会社代表取締役．

[主な業務]
- マネジメントシステム　コンサルティング・研修業務
  ISO 14001, ISO 9001, ISO/IEC 27001(ISMS)，プライバシーマーク，ISO/IEC 20000-1(IT サービスマネジメント)，ISO 50001(エネルギーマネジメント)，ISO 55001(アセット)，ISO 22301(事業継続)など
- 業務改善経営コンサルティング・研修業務
  情報システム化適用業務分析コンサルティング，人事管理（目標管理，人事考課）コンサルティングなど
- e ラーニング・研修教材・書籍の制作

[主な著書]
『見るみる ISO 9001―イラストとワークブックで要点を理解』（日本規格協会，共著），『情報セキュリティの理解と実践コース』（PHP 研究所，共著），『Q&A で良くわかる ISO 14001 規格の読み方』（日刊工業新聞社，共著），『ISO 14001 審査登録 Q&A』（日刊工業新聞社，共著）

[IMS コンサルティング株式会社]
〒107-0061　東京都港区北青山 6-3-7　青山パラシオタワー 11 階
TEL：03-5778-7902，FAX：03-5778-7676

深田　博史（ふかだ　ひろし）
- マネジメントコンサルティング，システムコンサルティングを担う等松トウシュ ロス・コンサルティング（現アビームコンサルティング株式会社，デロイト トーマツ コンサルティング合同会社）に入社．株式会社エーペックス・インターナショナル入社後は，ISO マネジメントシステムに関するコンサルティング・研修業務などに携わる．
- 現在は，株式会社エフ・マネジメント代表取締役．
- 元環境管理規格審議委員会 環境監査小委員会（ISO/TC 207/SC 2）委員 [ISO 19011 規格（品質及び／又は環境マネジメントシステム監

査のための指針）初版の審議など]
[主な業務]
　・マネジメントシステム，業務改善，経営コンサルティング・研修業務
　・ソフトウェア開発，eラーニング開発，書籍および通信教育の制作
[主な著書]
　『見るみる ISO 9001―イラストとワークブックで要点を理解』（日本規格協会，共著），『国際セキュリティマネジメント標準 ISO 17799 がみるみるわかる本』，『ISO 14001 がみるみるわかる本』（以上，PHP 研究所，共著），『ISO の達人シリーズ [イソタツ] ISO 9000:2000』，『ISO の達人シリーズ 2 [イソタツ] ISO 14000』，『ISO の達人シリーズ 1 [イソタツ] ISO 9000（1994 年版）』，（以上，株式会社ビー・エヌ・エヌ，共著）
[株式会社エフ・マネジメント]
　〒460-0008　名古屋市中区栄 3-2-3　名古屋日興證券ビル 4 階
　TEL：052-269-8256，FAX：052-269-8257

寺田　博（てらだ　ひろし，コラム執筆）
　・株式会社日立製作所入社後，バブコック日立株式会社呉研究所で石炭利用技術，燃焼技術の研究に従事，豊橋科学技術大学客員教授，日本電機工業会地球環境室長，東京農業工業大学講師などを務める．1993 年より国際標準化機構技術専門委員会（ISO/TC 207）委員の任に当たり，ISO 14001 環境マネジメントシステム規格および ISO 50001 エネルギーマネジメントシステム規格の制定・改訂に深くかかわる．
　・1997 年，株式会社イーエムエスジャパン設立，社長就任．
　・現在 IMS コンサルティング株式会社　顧問．
[主な著書]
　『見るみる ISO 9001―イラストとワークブックで要点を理解』（日本規格協会，共著），『石炭利用ハンドブック』（富士出版，共著），『石炭の流動燃焼』（コロナ社），『燃焼工学』（山海堂），『環境マネジメント便覧』（日本規格協会，共著），『ISO 14001 環境マネジメントシステム』（日刊工業新聞社），『機械工学便覧（法工学編　EMS 担当）』（日本機械学会），『ISO 14001:2004 要求事項の解説』（日本規格協会，共著）

■イラスト制作　　寺田和正（原案），株式会社エフ・マネジメント　深田博史（原案），岩村伊都（制作）

見るみる ISO 14001
イラストとワークブックで要点を理解

2016年6月3日　第1版第1刷発行
2022年6月3日　　　　　第5刷発行

著　者	寺田和正，深田博史，寺田　博
発行者	朝日　弘
発行所	一般財団法人　日本規格協会

〒108-0073　東京都港区三田3丁目13-12　三田MTビル
https://www.jsa.or.jp/
振替　00160-2-195146

製　作	日本規格協会ソリューションズ株式会社
印刷所	株式会社ディグ
製作協力	有限会社カイ編集舎

© K. Terada, H. Fukada, H. Terada, 2016　　　Printed in Japan
ISBN978-4-542-40268-3

　　● 当会発行図書，海外規格のお求めは，下記をご利用ください．
　　　JSA Webdesk（オンライン注文）: https://webdesk.jsa.or.jp/
　　　電話：050-1742-6256　　E-mail：csd@jsa.or.jp